石油石化现场作业安全检查系列丛书

脚手架安全检查

中国石油化工股份有限公司炼油事业部
青岛诺诚化学品安全科技有限公司　组织编写

中国石化出版社

内 容 提 要

本书是《石油石化现场作业安全检查系列丛书》之一，以现行标准规范为基础，结合现场安全管理经验编制。全书分为架设人员资质、施工方案、材料管理、脚手架搭设及脚手架管理等五个部分。

本书采用口袋书的形式，图文并茂地将现场安全作业标准以正反两方面案例的形式展示出来，特别适合作为石油石化行业和建筑行业施工现场作业负责人（包括班组长）、安全管理人员、监护人以及作业人员的培训教材。

图书在版编目（C I P）数据

脚手架安全检查 / 中国石油化工股份有限公司炼油事业部，青岛诺诚化学品安全科技有限公司组织编写. —北京：中国石化出版社，2019.8（2023.6重印）
（石油石化现场作业安全检查系列丛书）
ISBN 978-7-5114-5472-0

Ⅰ.①脚… Ⅱ.①中…②青… Ⅲ.①脚手架–安全检查 Ⅳ.①TU731.2

中国版本图书馆CIP数据核字(2019)第155932号

中国石化出版社出版发行

地址：北京市东城区安定门外大街58号
邮编：100011　电话：(010) 57512500
发行部电话：(010) 57512575
http://www.sinopec-press.com
E-mail:press@sinopec.com
北京富泰印刷有限责任公司印刷
全国各地新华书店经销

*

787×1092毫米32开本2印张24千字
2019年8月第1版　2023年6月第3次印刷
定价：20.00元

编写人员

主　　编：张若昕

编写人员：张若昕　刘　洋　谷　涛

　　　　　李洪伟　王才中　唐　政

前　言

石油石化现场作业涉及多工种、多层次的统筹管理，管理界面复杂，且存在大量高风险作业。安全检查作为一种现场使用最普遍的安全管理手段，可有效发现和消除隐患、落实安全措施、预防事故发生，特别是在现场直接作业环节管理方面起到了关键性作用。

为了提高现场安全检查针对性及专业性，实现安全检查标准化，中国石油化工股份有限公司炼油事业部和青岛诺诚化学品安全科技有限公司依据国家法规、标准，在总结中国石化多年成功安全管理经验、标准化做法和事故案例基础上，编写了《石油石化现场作业安全检查系列丛书》。该丛书以图文并茂的形式将现场高风险作业环节、设备的安全检查要点以正反两方面案例的形式展示出来。一方面用以规范现场安全管理，并实现安全检查标准化，解决因个体安全知识不足带来的管理不确定性和管理标准混乱的难题；另一方面"典型违章案例"与"检查要点"配合使用，强化了现场管理人员和操作人员履职尽责、规范操作的警示作用，同时也为检查人员迅速准确地发现违章行为和违章状态，提高现场安全检查水平提供了逼真直观的教材。

本书是《石油石化现场作业安全检查系列丛书》的分册之一，主要参考 GB 50484—2008《石油化工建设工程施工安全技术规范》、GB 51210—2016《建筑施工脚手架安全技术统一标准》、SH/T 3555—2014《石油化工工程钢脚手架搭设安全技术规范》及 JGJ 130—2011《建筑施工扣件式钢管脚手架安全技术规范》编制。内容涵盖架设人员资质、施工方案、材料管理、脚手架搭设及脚手架管理等。

由于编写水平和时间有限，本书内容尚存不足之处，敬请各位读者指正并提出宝贵意见。

目 录

1 架设人员资质

对架设人员资质审查包含以下内容：

（1）脚手架搭设人员应经过培训考核合格，取得特种作业人员资格证。资格证应在有效期内，并及时复审。

（2）架设人员特种作业资格证必须经监理或项目主管部门审查。

（3）架设作业人员入场前应进行符合高处作业的职业体检，提供有效的体检报告并存在作业现场备查。

☑ 标准化案例

⊘ 违章案例

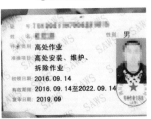

不适用于脚手架搭设

2 施工方案

2.1 编制专项方案要求

以下工作范围属于危险性较大的分部分项，施工单位作业前应编制专项方案。

（1）搭设高度 24m 及以上的落地式脚手架；

（2）搭设附着式整体和分片提升脚手架；

（3）搭设悬挑式脚手架工作；

（4）搭设吊篮脚手架工程；

（5）搭设自制卸料平台、移动操作平台工程；

（6）搭设新型及异形脚手架工作。

✏ 2.2　组织专家对专项方案进行论证范围

　　以下工作范围属于超过一定规模的危险性较大的分部分项，施工单位作业前应组织专家对专项方案进行论证。

　　（1）搭设高度 50m 以上的落地式脚手架工程；

　　（2）提升高度 150m 及以上附着式整体和分片提升脚手架；

　　（3）架体高度 20m 及以上悬挑式脚手架工程。

3 材料管理

3.1 钢管

（1）用于搭设脚手架的钢管应有质量证明文件，其性能指标应符合相应产品的标准。

（2）脚手架宜采用直径 48.3mm、壁厚 3.6mm 的直缝钢管，每根钢管最大长度不应大于 6m，厚度不应小于 3.24mm。

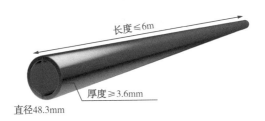

长度≤6m

厚度≥3.6mm

直径48.3mm

现场测量

（3）钢管使用前应做防腐处理，有条件的宜采用镀锌材料。

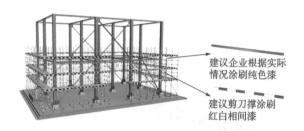

建议企业根据实际情况涂刷纯色漆

建议剪刀撑涂刷红白相间漆

（4）钢管周转材料使用前应进行全部检查，钢管表面应平直光滑，不应有裂纹、结疤、分层、错位、硬弯、毛刺、压痕、划道及严重锈蚀等缺陷，不应打孔。

⊘ 违章案例

3.2 扣件

（1）扣件应采用可锻铸铁或铸钢制作，其型号、商标及生产年号应在醒目处铸出；扣件应严格整形，与钢管的贴合面紧密接触，应保证扣件抗滑、抗拉性能。

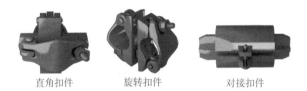

直角扣件　　　　旋转扣件　　　　对接扣件

（2）扣件螺栓拧紧扭力矩应在 40~65N·m 之间，达到最大值时扣件不得发生破坏。

☑ **标准化案例**

（3）扣件活动部位应能灵活转动，旋转扣件两旋转面间隙应小于1mm；周转材料应进行全数检查，不得有裂纹、变形、螺栓滑丝，扣件与钢管接触部位不应有氧化皮。

☑ 标准化案例

1mm

⊘ 违章案例

裂纹

3.3　脚手板

脚手板宜采用钢板压制成型，冲压脚手板应涂有防锈漆，厚度宜为 2mm。

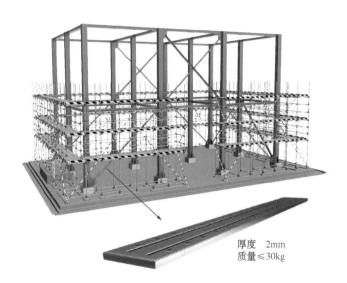

厚度　2mm
质量≤30kg

✐ 3.4 挡脚板

挡脚板的厚度不应小于 15mm、宽度不应小于 180mm。

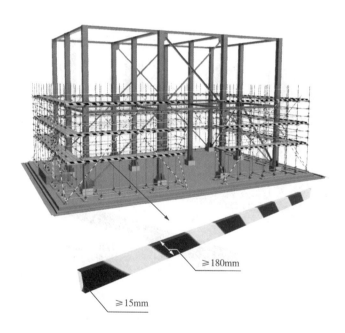

≥180mm

≥15mm

✎ 3.5 垫板

　　垫板宜采用实木材料制作，厚度不应小于50mm，板宽不应小于200mm，板长不宜小于1跨。

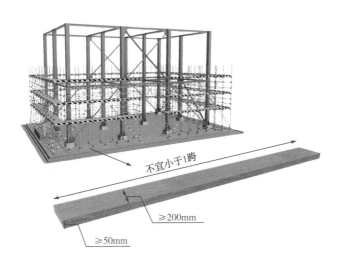

✎ 3.6 底座

底座厚度不应小于 5mm，长度为 100mm×100mm；底座中心钢筋直径为 20mm，高度不应小于 50mm。

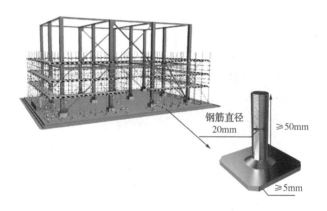

钢筋直径
20mm

≥50mm

≥5mm

4 脚手架搭设

4.1 落地式脚手架构造要求

4.1.1 地基处理

（1）脚手架地基应平整坚实，立杆底部宜设置底座或垫板。

☑标准化案例

⊘ 违章案例

地基未处理

（2）搭设高度在 24m 以下时，地基应满足承载力要求，混凝土地面可直接在基础上搭设脚手架。

（3）搭设高度在 24m 及以上时，应根据脚手架承受荷载、搭设高度、搭设现场土质情况等，进行脚手架基础设计。

4.1.2 基本构架尺寸要求

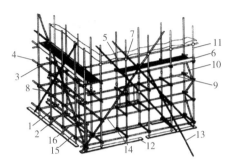

1– 外立杆;
2– 内立杆;
3– 横向水平杆;
4– 纵向水平杆;
5– 防护栏;
6– 挡脚板;
7– 直角扣件;
8– 旋转扣件;
9– 对接扣件;
10– 横向斜撑;
11– 立杆;
12– 垫板;
13– 抛撑;
14– 剪刀撑;
15– 纵向水平杆;
16– 横向水平杆

（1）双排脚手架立杆横距宜为 1.05~1.55m，单排脚手架立杆横距宜为 1.2~1.4m。

（2）脚手架立杆的纵距宜为 1.2~2.1m。

（3）脚手架步距宜为 1.5~1.8m，最大不超过 2m。

☑ 标准化案例

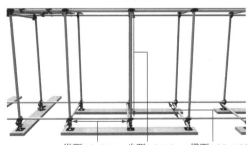

纵距1.2~2.1m　步距1.5~1.8m　横距1.05~1.55m

⊘ **违章案例**

步距 > 2m

纵距 > 2.1m

（4）横向水平杆应采用直角扣件固定在纵向水平杆上，相邻立杆之间根据支承脚手板需要加设1~2根。

直角扣件

（5）单、双排与满堂脚手架搭设高度为 20~50m 时，立杆垂直度允许偏差为 ±100mm。

☑ **标准化案例**

±100mm

⊘ **违章案例**

立杆倾斜度过大

4.1.3 杆件连接

（1）立杆除顶层顶部外，应采用对接扣件接长，立杆的对接扣件应交错布置，两根相邻立杆的接头不应设置在同步内，同步内隔一根立杆的两个相隔接头在高度方向错开的距离不宜小于 500mm。

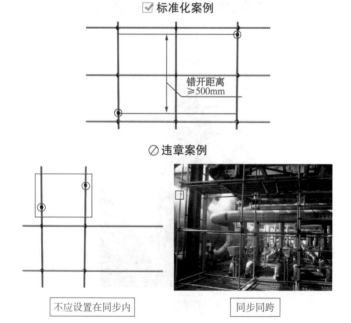

☑ 标准化案例

错开距离
≥500mm

⊘ 违章案例

不应设置在同步内

同步同跨

（2）各接头中心至主节点的距离不宜大于步距的 1/3。

距离≤1/3步距

（3）脚手杆成 90° 状连接的交叉点应用直角扣件连接，直角扣件应该摆平，开口应朝上，不得用旋转扣件替代。

（4）水平杆连接时，宜采用对接，也可采用搭接，搭接长度应大于500mm，两扣件距离不应小于400mm。

☑ **标准化案例**

对接

搭接

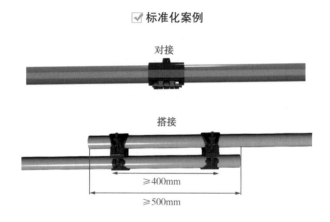

≥400mm

≥500mm

（5）扣件式钢管脚手架纵向扫地杆应采用直角扣件固定在距钢管不大于200mm处的立杆上，单根杆长度不应小于3跨，横向扫地杆应采用直角扣件固定在紧靠纵向扫地杆下方的立杆上。

（6）在每个主节点处必须设置一根横向水平杆，用直角扣件与立杆相连且严禁拆除。

☑ **标准化案例**

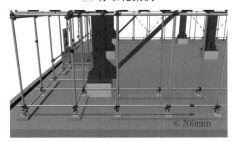

不应小于 3 跨

⊘ **违章案例**

主节点处无水平杆

4.1.4 连墙件及抛撑

（1）脚手架开始搭设立杆或架设高度在6m以下时，第一跨应设置抛撑，超过2跨时每2跨设置一根抛撑，落地支点与立杆距离不应小于3m，抛撑与地面的倾角应在45°~60°之间，各抛撑底部应用水平杆相互连接封固并与脚手架连成一体。

☑ 标准化案例

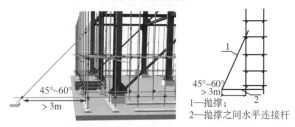

45°~60°
> 3m

1—抛撑；
2—抛撑之间水平连接杆

（2）搭设高度超过6m时应设连墙件，连墙件应靠近脚手架主节点并从底层第一步纵向水平杆处开始设置。

☑ 标准化案例

（3）扣件式钢管和承插盘扣式钢管脚手架连接点距主节点不应大于300mm，碗扣式钢管脚手架连接点距主节点距离不应大于150mm。

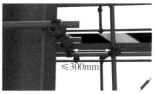

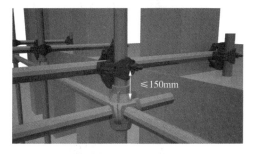

（4）连墙件应采用可承受拉、压荷载的刚性结构，连接应牢固，不得使用柔性连墙件。

（5）扣件式钢管脚手架搭设高度在50m以下的落地式双排脚手架，连墙件应按间隔3步距和3跨连续设置，连墙件应呈水平设置，当不能呈水平设置时，与脚手架连接的一端应下斜连接。

✓ 标准化案例

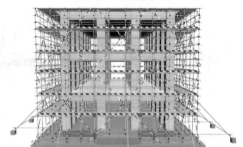

（6）非封闭型脚手架的两端应设置连墙件，连墙件的垂直间距不应大于建筑物的层高，且不应大于 4m。

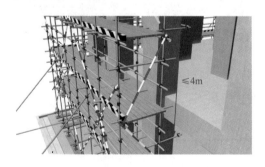

4.1.5 剪刀撑和横向斜撑

（1）双排脚手架应设置剪刀撑与横向斜撑，单排脚手架应设置剪刀撑；扣件式钢管非封闭双排脚手架的两端应设置横向斜撑。

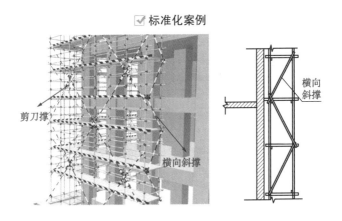

☑ 标准化案例

剪刀撑

横向斜撑

横向斜撑

（2）扣件式钢管脚手架每道剪刀撑宽度不应小于 4 跨，斜杆与地面应成 45°~60° 倾角，设置时与其他杆件的交叉点应互相连接，剪刀撑斜杆应用旋转扣件固定在与之相交的横向水平杆的伸出端或立杆上，旋转扣件中心线至主节点的距离不应大于150mm。

☑ 标准化案例

45°~60°

≥4跨

≤150mm

（3）扣件式钢管脚手架高度在24m以下的单、双排脚手架，均应在外侧立面的两端、转角各设置一组剪刀撑，脚手架体的中间部分可间断设置剪刀撑，各组剪刀撑之间净间距不应大于15m，剪刀撑由底部至顶部随脚手架的搭设连续设置，高度在24m及以上的双排脚手架，在外侧立面应沿长度和高度连续设置剪刀撑。

☑ **标准化案例**

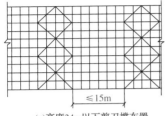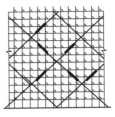

(a)高度24m以下剪刀撑布置　　(b)高度24m及以上剪刀撑布置

（4）高度在 24m 以下的封闭型双排脚手架可不设横向斜撑，高度在 24m 以上的封闭型脚手架，除拐角应设置横向斜撑外，中间应每隔 6 纵距设置一道。

（5）普通型满堂支撑架沿架体外侧周边及内部纵、横向每 5~8m 应设置由底至顶的连续竖向剪刀撑，加强型满堂支撑架连续竖向剪刀撑的间距应为 3~5m。

☑ **标准化案例**

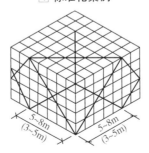

（6）剪刀撑斜杆的接长应采用搭接，搭接长度不应小于 1m，应等间距设置 3 个旋转扣件固定。

☑标准化案例

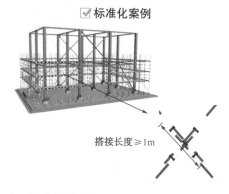

搭接长度≥1m

4.1.6 脚手板及护栏

（1）作业层，脚手板应满铺，当建筑物、设备空间受限不能满铺时，应采取有效防护措施。

☑标准化案例

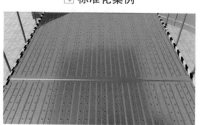

⊘ 违章案例

脚手板未满铺

（2）脚手板两端宜用 10# 镀锌铁丝双股绑扎或使用钢板卡固定，铁丝接头应设置在脚手板的侧面或下面。

（3）脚手板长度大于 2m 时，应设置在三根横向水平杆上，脚手板长度小于 2m 时，可采用两根横向水平杆支承，并应将脚手板两端与其可靠固定。

☑ **标准化案例**

⊘ **违章案例**

缺失横向水平杆

（4）脚手板的铺设可对接平铺或搭接铺设，脚手板交接处应平整、无探头板，脚手板对接平铺时，接头处应设两根横向水平杆，接头处间隙应小于20mm，脚手板外伸长应为130~150mm，两块脚手板外伸长度的和不应大于300mm，脚手板搭接铺设时，接头应支在横向水平杆上，搭接长度应大于200mm，其伸出横向水平杆的长度不应小于100mm。

✅ **标准化案例**

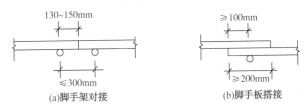

(a)脚手架对接　　　　　(b)脚手板搭接

（5）作业层端部脚手板探出长度应为100~150mm，两端必须用铁丝固定，绑扎产生的铁丝应砸平。

✅ **标准化案例**

⊘ **违章案例**

铁丝未砸平   脚手板未绑扎

（6）脚手架作业层四周应搭设防护栏，防护栏应采用脚手架钢管搭设，脚手架外侧栏杆上栏杆离作业面高度为 1.2m，中栏杆离作业面高度为 0.6m，所有防护栏均应安装挡脚板，挡脚板的位置应位于防护栏内侧，采用木板或金属板制作，高度不应小于 180mm，与脚手架平台间的缝隙不能超过 10mm。

☑ **标准化案例**

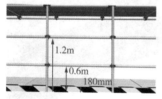

（7）脚手架与工作面相邻的挡脚板可不设，脚手架平台边缘与工作面的间隙应小于200mm，并且要有防护措施，防止物体坠落。

☑ 标准化案例

（8）当脚手架相邻的结构坚固可靠，且边缘与脚手架的间隙小于100mm，高度超出脚手架平台表面1.2m时，脚手架在这一侧可不设护栏。

☑ 标准化案例

⊘ 违章案例

间隙大于 100mm，应设护栏

4.1.7 脚手架通道

（1）宜搭设之字形斜道，且应采用脚手板满铺，坡度不大于 1:3，宽度不得小于 1m，附着搭设在脚手架的外侧，不得悬挑。

☑ 标准化案例

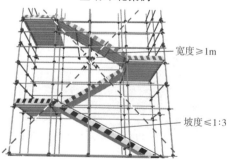

宽度≥1m

坡度≤1:3

⊘ **违章案例**

坡度大于 1：3

（2）斜道立杆应单独设置，不得借用脚手架立杆，并应在垂直方向每隔一步或水平方向每隔一个纵距与脚手架主体设一连接，当斜道用于运料时，坡度不应大于 1：6。

☑ **标准化案例**

≤1：6

（3）斜道两侧及转角平台外围均应设1.2m高的上栏杆、0.6m高的中栏杆和挡脚板，转角平台宽度不应小于斜道宽度，平台外侧应设置"之"字斜撑，斜道外侧应设置剪刀撑。

☑ 标准化案例

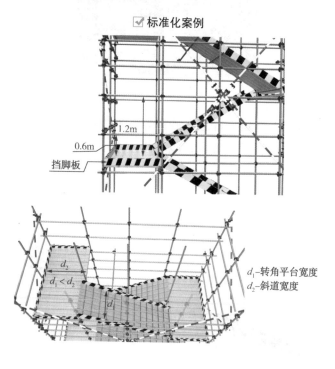

d_1-转角平台宽度
d_2-斜道宽度

（4）斜道脚手板应满铺，每隔 250~300mm 设一防滑木条，木条厚度宜为 20~30mm。

☑ **标准化案例**

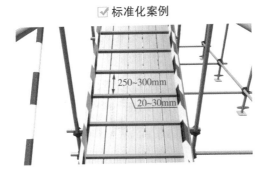

⊘ **违章案例**

木条间距 > 300mm

（5）主要通道旁的钢管探头必须戴套或用布包住。

☑ **标准化案例**

（6）垂直设备或构件的每一个作业层之间均应设置直爬梯做上、下通道；直爬梯在每层作业平台的出口处应设置盖板或活动防护栏。

☑ **标准化案例**

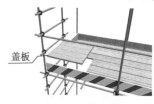

盖板

活动防护栏

（7）直爬梯通道横档之间的间距宜为 300mm，最大不应超过 400mm，直爬梯顶部工作面开口周围应有防护栏，直爬梯伸出工作平台不宜小于 0.9m，在地面上第一、二步内，直爬梯可以在脚手架外侧；在第三步以上，直爬梯应设在脚手架内侧。

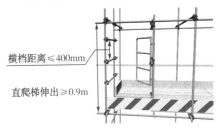

横档距离≤400mm

直爬梯伸出≥0.9m

（8）直爬梯超过6m时应设置转角平台，转角平台宽度不应小于700mm，对不能转换方向的，高度超过6m时，在直爬梯的顶部应设置防坠器、锁绳器等防止垂直坠落的措施。

☑ **标准化案例**　　　　⊘ **违章案例**

转角平台

无转角平台

（9）脚手架搭设时，应避免将横杆或立杆搭设在直梯内影响上、下通行；通道式脚手架的脚手板应并排铺设并不应少于3块，井字脚手架的通道板应并列铺设，不得少于2块，不得铺设单脚手板通道。

⊘违章案例

影响正常通行

（10）通道入口处应有醒目的标志。

☑ 标准化案例

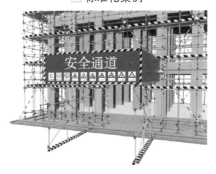

⊘ 违章案例

（11）脚手架水平方向宜每隔 30m 设置一处上、下通道。

✎ 4.2 悬挑式脚手架构造要求

（1）悬挑式脚手架搭设时应先设置悬挑支撑结构，支撑结构斜撑杆与架体立杆或墙面夹角不应大于 30°，架子挑出的宽度不宜大于 1.2m。

☑标准化案例

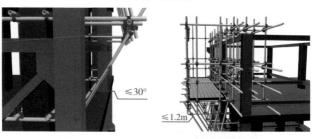

（2）悬挑式脚手架施工荷载每平方米不应超过200kgf。

（3）斜撑杆应与内外立杆及水平挑杆用扣件连接牢固，每一连接点均应为双向约束。

☑ **标准化案例**

（4）斜撑杆按每一纵距设置，斜撑杆上相邻两扣件节点之间的长度不应大于 1.8m。

☑ **标准化案例**　　　　　　　　⊘ **违章案例**

≤1.8m

两扣件距离 >1.8m

（5）斜撑杆和横杆不得接长。

（6）斜撑杆支撑在楼板上时，底部应设置扫地杆，水平挑杆应与主体结构牢固连接。

标准化案例

⊘违章案例

未设置扫地杆

（7）双层搭设时立杆接长应采用搭接。

✏ 4.3 悬吊式脚手架构造要求

（1）悬吊式脚手架吊杆严禁接长使用，立杆长度不得大于6m。

☑ 标准化案例

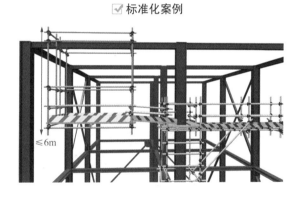

（2）悬吊式脚手架宜依靠管廊结构、框架结构等构筑物的水平梁搭设，采用四根短杆用直角扣件环绕支撑梁连接，成井字形固定在支撑梁上，吊杆宜两根一组，组成门架型。

☑标准化案例

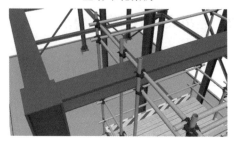

（3）吊杆的顶端和下端分别设置防滑扣件，防滑扣件距杆端不应小于100mm，在吊杆的下横杆上铺设脚手板。

☑标准化案例　　　　　　　⊘违章案例

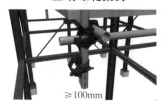　　

≥100mm

无防滑扣件

（4）悬吊式脚手架吊杆之间的距离不宜大于1.5m，悬吊点跨度较大时，应在脚手架下方设置八字斜撑做加固支撑。

☑标准化案例   ⊘违章案例

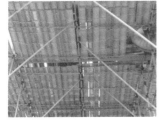

缺八字斜撑

（5）悬吊式脚手架的横杆与管廊结构、框架结构等构筑物的水平梁之间采用钢制挂钩固定时，挂钩应采用直径不小于20mm圆钢制作，挂钩两端的挂环应完全封闭，接头应满焊。

☑标准化案例   ⊘违章案例

挂钩

接头未满焊

✐ 4.4 悬挂三角架构造要求

（1）悬挂式三角架可由架体、固定挂件、脚手板和护栏组成，固定挂件宜采用厚 8mm、宽 75mm、长 300mm 的钢板制作，沿容器壁焊接固定，三角架架体宜用∠50×5 角钢制作，直角位置焊接宽 50mm 的 L 型钩板，长直边宜为 750~1000mm。

☑**标准化案例**

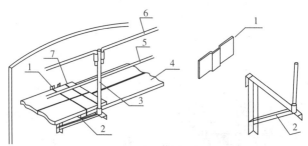

1—固定挂件；2—三角架；3—立柱；4—脚手板；
5—中栏杆；6—上栏杆；7—绑绳

（2）悬挂三角架搭设时，固定挂件水平间距不宜大于1.5m，挂件的上部边缘和两侧边缘应与容器壁满焊焊接牢固。

☑ **标准化案例**

水平间距≤1.5m

（3）护栏套筒内径为50mm，长度宜为80~100mm，与护栏之间应有销子固定，三角架L型钩板插入固定挂件与容器固定，架体上端平面铺设脚手板，架体作业层外侧应设防护栏。

☑ **标准化案例**

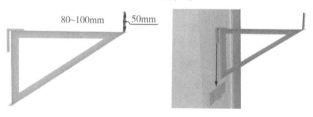

80~100mm 50mm

（4）在使用前应检查悬挂三角架各支点及压、拉固定焊点是否松动。

（5）使用过程中应控制施工荷载每平方米不应超过 200kgf。

4.5 通道式脚手架构造要求

（1）通道式脚手架宜布置在管廊的纵向方向，当设置在管廊内部时，通道可以以管廊水平梁为支撑梁，按悬挑式或悬吊式脚手架方式搭设。

☑ 标准化案例

（2）当设置在管廊外侧时，通道可按落地式或悬挑式脚手架搭设，立杆间距不得大于1.8m，步距不大于2m，每隔6m与管廊结构固定。

（3）通道式脚手架的脚手板应并排铺设并不应少于3块。

☑ **标准化案例**　　　　　⊘ **违章案例**

搭设单跳板脚手架

5 脚手架管理

✎ 5.1 脚手架验收

（1）脚手架搭设完成且自检合格后应报验。

（2）脚手架检查验收合格后悬挂合格标牌。

（3）未经验收或验收不合格的脚手架不得使用。

（4）验收合格的脚手架不得擅自改动。

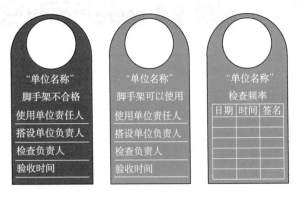

⊘ 违章案例

使用验收不合格脚手架

⬥ 5.2 脚手架使用

（1）不得超负荷使用脚手架，使用过程中严禁对脚手架进行切割或施焊。

✔ 标准化案例

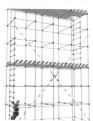

⊘ 违章案例

严禁对脚手架进行切割

（2）经验收合格后，使用中的脚手架应定期进行检查。

（3）作业人员应从专用通道进入作业面。

（4）五级以上大风和雨雪雾天应停止脚手架作业，雨、雪后架设作业采取防滑措施后方可作业，雪后上架作业应扫除积雪。

（5）非脚手架作业人员不得调整、修改、拆除脚手架。

（6）不应使用脚手架作为起重设备承重点。

（7）脚手架基础邻近区域不得有影响脚手架结构安全的挖掘作业。

⊘ 违章案例

脚手架杆做吊点

挖掘作业影响脚手架结构安全

✏ 5.3 脚手架拆除

（1）拆除前应进行安全交底，拆除时应设置警戒区，并安排专人监护。

（2）脚手架拆除作业应由上而下逐层进行，不得上、下同时作业；连墙件应随脚手架逐层拆除，不得先将连墙件整层或数层拆除后再拆脚手架；分段拆除高差大于两步时，应增设连墙件加固。

✅ **标准化案例**

⊘ **违章案例**

（3）拆除脚手架时，不得抛掷脚手架材料和配件。

☑ **标准化案例**

（4）拆除后的材料要及时清理，并摆放整齐。

☑ **标准化案例**